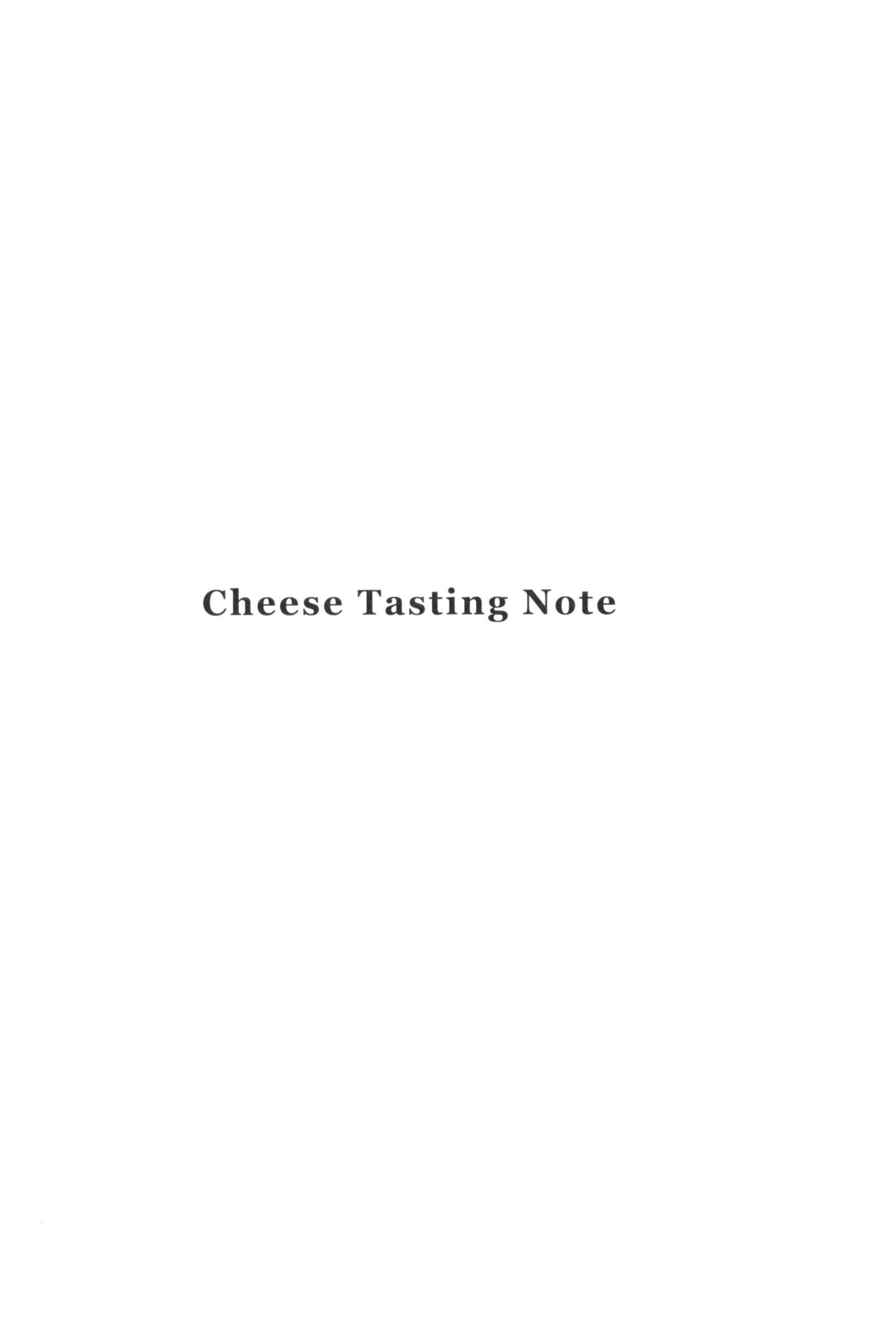

Cheese Tasting Note

얼얼한
곰팡이
박하
톡 쏘는
날카로운
크레파스
블루/푸른
곰팡이치즈
Blue Veined Cheese
단맛
신맛
견과류
버터
캐러멜
꽃·과일
건어물
왁스·양초
반경성/경성치즈
Semi-Hard Cheese
Hard Cheese
고기
건어물
간장
땀 냄새
가죽·외양간

www.fromage.co.kr

원유 종류와 제조 방법에 따른 프로마쥬 치즈 8분류

① **생치즈**fresh cheese

리코타, 모짜렐라, 마스카르포네, 부라타

② **흰색외피연성치즈**soft-bloomy rind cheese

까망베르, 브리, 뇌샤텔

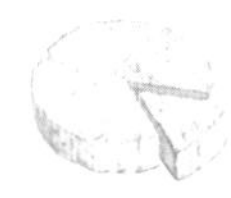

③ **세척외피연성치즈**soft-washed rind cheese

랑그르, 에뿌아쓰, 시메이

④ **반경성치즈**semi-hard

(비가열 압착uncooked pressed cheese)

체다, 고다, 라클렛

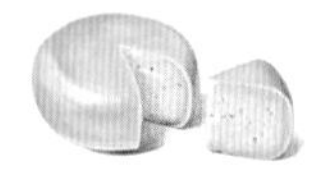

⑤ **경성치즈**hard(가열압착cooked pressed cheese)

에멘탈, 파르미지아노 레지아노, 그뤼에르

⑥ **푸른곰팡이치즈**blue veined cheese(블루)

고르곤졸라, 스틸턴, 로크포르

⑦ **염소젖치즈**goat's milk cheese

바농, 발랑세, 쌩 뜨 모르

⑧ **가공치즈**processed cheese

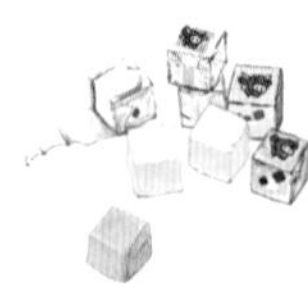

치즈 테이스팅 노트 활용의 예

치즈명 CHEESE NAME	르쁘아쥬
제조국가 COUNTRY	대한민국
원산지 ORIGIN	전라북도 임실
원유 종류 TYPE OF MILK	소젖
치즈 분류 TYPE OF CHEESE	반경성치즈
숙성 기간 RIPENING PERIOD	6개월
브랜드 BRAND	프로마쥬
중량 WEIGHT	휠: 6kg / 포션: 150g
외관 APPEARANCE	휠: 원반형, 스퀘어 살짝 어두운 아이보리빛 자연 외피 속살은 밝은 아이보리색
질감 TEXTURE	0 (무른) --10 (단단함) 7단계. 단단하지만 살짝 무른 편 / 부드러운 비누 같은 질감 살짝 수분감이 느껴지는 촉촉한 단단함
풍미 FLAVOR	바짝 말린 구수한 건어물향, 연한 버터 풍미, 끝맛에 느껴지는 감칠맛
강도 INTENSITY	0 (약) -- 10 (강) 8단계. 호불호가 있을 수 있는 맛의 강도
평가 RATING	★★★★☆
노트 NOTES	입문자에게는 다소 강한 향일 수 있음 중간 이상의 묵직한 맛의 치즈를 원하는 고객에게 적합 스낵으로 즐기기보다는 풍부한 감칠맛을 끌어낼 수 있는 요리에 활용하기 좋음

프로마쥬 추천 치즈 39종

꼭 먹어보면 좋을 프로마쥬 추천 치즈 39종입니다. 치즈 8분류의 대표 치즈를 소개하고 8분류에는 속하지 않지만 대세로 떠오르는 치즈 2종도 추가했습니다. 원산지와 원유, 2024년 기준 국내 수입 여부도 넣었으니 우리나라에서 맛볼 수 있는 치즈라면 최대한 경험해보시고 해외에 나갔을 때도 찾아 드셔보세요. 새로운 치즈를 만날 때마다 노트에 기록하시고 <Memo & Photo> 페이지도 재미있게 꾸며보세요.

생치즈

모짜렐라Mozzarella | 이탈리아 | 소젖, 물소젖 | 수입

누구나 편하게 즐길 수 있는 부드럽고 온화한 맛이어서 활용도가 높은 치즈예요. 열에 의해 부드럽게 녹아 늘어나는 특징을 이용해 커드를 뜨거운 물에 반죽해가며 모양을 만들어주는데요, 이러한 제조 과정을 파스타 필라타 Pasta Filata라고 합니다.

부라타Burrata | 이탈리아 | 소젖, 물소젖 | 수입

치즈계의 만두라는 별명을 가진, 수란처럼 부드럽고 연약한 부라타는 한 번에 두 종류의 치즈를 경험할 수 있어요. 만두피는 모짜렐라치즈, 만두소는 모짜렐라와 크림을 섞어 만든 스트라차텔라로 채우기 때문이죠.

리코타Ricotta | 이탈리아 | 소젖, 물소젖 | 수입

치즈를 만들 때 분리된 수분인 유청에 남은 수용성 단백질을 추가로 응고시켜 만든 담백하고 고소한 치즈예요. 여기에 우유나 크림을 더하면 좀 더 리치한 풍미의 치즈를 만들 수 있죠. 기본적인 맛에 충실해 활용도가 뛰어납니다.

페타Feta | 그리스 | 염소젖, 양젖 | 수입

그리스인들이 사랑하는 페타는 염소젖과 양젖의 블랜딩 비율이 3:7로 고정되어 있고 두 종류의 원유 특징을 보여주는 복합적인 맛이에요. PDO 페타는 이 블랜딩 비율을 반드시 따라야 하지만 다른 나라는 브랜드에 따라 소젖으로만 만든 페타도 있어요.

마스카르포네Mascarpone | 이탈리아 | 소젖 | 수입

유지방 함량이 높은 마스카르포네는 부드럽고 고소한 맛 끝에 살짝 느껴지는 단맛이 매력적이에요. 티라미수 케이크를 비롯해서 디저트를 만들 때 널리 활용합니다. 저는 생크림 대신 마스카르포네치즈를 토마토소스에 넣어 로제파스타를 만들기도 해요.

흰색외피연성치즈

까망베르Camembert | 프랑스 | 소젖 | 수입

세계적으로 가장 복제품이 많은 치즈입니다. 유제품으로 유명한 프랑스 북부 노르망디가 본래 원산지인 치즈로 흰곰팡이의 버섯향이 특징이에요. 사과 발효주인 시드르와 무척 좋은 궁합을 보여줍니다.

브리Brie | 프랑스 | 소젖 | 수입

프랑스 치즈의 왕으로 까망베르와 함께 치즈 애호가들에게 전 세계적으로 사랑받아요. 까망베르가 해안가 출신이라면, 브리는 내륙 출신이죠.

카프리스 데 디유Caprice des Dieux | 프랑스 | 소젖 | 수입

더블 크림치즈로 치즈 레이블에 그려진 천사 그림 때문에 천사 치즈라고도 많이 불려요. 크림 함량이 두 배나 높아 까망베르나 브리에 비해 고소한 맛이 풍부하고 부드러운 질감으로 사랑받아요. 딸기와 궁합이 좋아요.

생 앙드레Saint-André | 프랑스 | 소젖 | 수입

기존 치즈에 비해 크림 함량이 세 배 높아 연성치즈 중 가장 크리미하고 디저트스러워요. 트러플, 또는 산미가 좋은 라즈베리쨈과 잘 어울립니다.

뇌샤텔Neufchâtel | 프랑스 | 소젖 | 수입

하트 모양이어서 밸런타인데이를 위한 치즈로 잘 알려졌어요. 100년전쟁 당시 영국 군인들과 사랑에 빠진 프랑스 여인들이 마음을 담아 뇌샤텔치즈를 전했다고 합니다.

샤우르스Chaource | 프랑스 | 소젖 | 수입

샴페인 짝꿍으로 프랑스 북동부 상파뉴 지역에서 생산해요. 섬세한 제조 과정을 거쳐 천천히 완성되는 치즈로 와인과 무척 닮은점이 많아요. 산미가 좋고, 쌉싸름한 맛과 때로는 알싸한 매운 무와도 같은 맛을 느낄 수 있어요.

세척외피연성치즈

마루왈Maroilles | 프랑스 | 소젖 | 수입

외피를 소금물로 닦아 만든 세척외피연성치즈로 아이보리색의 속살과 짙은 오렌지빛 껍질이 특징이에요. 마루왈을 만드는 지역에는 광산이 많았는데, 광부들이 호밀빵에 마루왈을 넣어서 만든 샌드위치를 점심식사로 먹어왔다고 합니다.

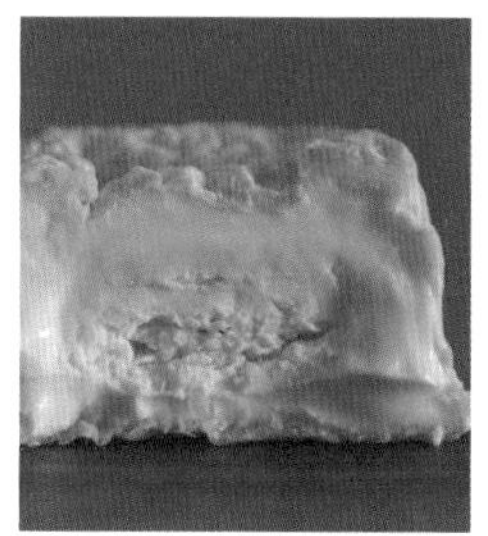

랑그르Langres | 프랑스 | 소젖 | 수입

숙성 중 치즈를 정기적으로 뒤집어주는 과정을 최소화해서 치즈 윗면이 오목한 그릇처럼 생겼어요. 여기에 샴페인을 부어 적셔 먹거나, 도수가 높은 증류주를 부은 후 불을 붙여 소위 불쇼를 보여주기도 하죠. 축하의 파티 자리에 준비하면 손님들이 무척 좋아해요.

에뿌아쓰Epoisses | 프랑스 | 소젖 | 수입

세척외피연성치즈의 왕이라고 하며 같은 분류의 치즈 중 가장 강렬한 맛을 선사해요. '마르 드 부르고뉴' 증류주로 외피를 닦아 숙성시키는데 건어물, 장류, 육향까지 느낄 수 있답니다. 강한 풍미로 다양한 향신료와도 견주는 힘 있는 치즈예요.

리바로Livarot | 프랑스 | 소젖 | 수입

치즈 옆면을 둘러싼 5줄의 띠가 마치 대령의 계급장과 같다고 해서 '대령 치즈'라고도 해요. 치즈를 잘라보면 내부에 엉성한 구멍들이 나 있고 연성치즈인데도 제법 탄탄합니다. 까망베르와 함께 프랑스 북부 노르망디를 대표하는 치즈로 사과와 좋은 페어링을 보여줍니다.

몽도르Mont d'Or | 스위스 | 소젖 | 수입 안 됨

프랑스와 스위스에서 만드는 치즈로 매년 가을부터 이듬해 봄까지 생산하는 시즌 한정품이에요. 가문비나무로 치즈 옆면을 둘러 모양을 잡고 숙성을 합니다. 몽도르치즈에 마늘과 화이트와인을 넣고 오븐에 구워서 바게트와 즐기면 좋아요.

반경성치즈

고다Gouda | 네덜란드 | 소젖 | 수입

네덜란드의 효자 수출 아이템으로 우리에게 잘 알려진 노란색 왁스 코팅 치즈예요. 부드러운 탄성과 고소한 맛으로 누구나 편하게 즐길 수 있어요.

체다Cheddar | 영국 | 소젖 | 수입

우리가 흔히 아는 체다는 노란색 슬라이스 가공치즈이지만 오리지널 체다는 외피를 관리해서 만드는 훌륭한 맛의 자연치즈랍니다. 사라져가던 영국의 전통 치즈를 되살리기 위한 노력으로 명맥을 유지하게 되었어요.

하바티Havarti | 덴마크 | 소젖 | 수입

한마디로 고체 우유의 맛. 연한 아이보리빛의 하바티는 우유 본연의 맛에 충실해 순수 우유향이 가득해요. 남녀노소 누구나 거부감 없이 즐길 수 있는 맛으로 일상에서 활용하기 좋아요.

테트 드 무안Tête de Moine | 스위스 | 소젖 | 수입

전용 도구인 지롤을 이용해 컷팅하면, 그 모양이 마치 카네이션 꽃과 같아서 '꽃 치즈'라고도 해요. 화려한 외모에 가려졌지만, 농밀하고 복합적인 맛이 대단히 훌륭하죠. 파티에서 빠질 수 없는 치즈랍니다.

라클렛Raclette | 스위스 | 소젖 | 수입

치즈의 이름이자 요리의 이름이기도 해요. 라클렛 요리는 치즈를 녹여 감자나 빵과 함께 먹어요. 치즈 자체로 즐기기보다는 열에 잘 녹는 특징 때문에 멜팅 치즈로 활용도가 높아요.

만체고Manchego | 스페인 | 양젖 | 수입

네덜란드 수출 효자템이 고다라면 스페인에는 만체고가 있답니다. 양젖으로 만든 만체고는 고소한 견과류맛이 돋보이고, 부드럽고 온화한 맛이어서 누구나 편하게 즐길 수 있어요.

콜비잭Colby-Jack | 미국 | 소젖 | 수입

오렌지색의 콜비와 흰색의 몬테레이잭 두 종류의 치즈를 섞어 대리석의 마블 모양이 특징인 '반반치즈'예요. 호불호가 없을 정도로 부드럽고 고소한 맛이자 열에 잘 녹아 다용도로 활용합니다. 특유의 색감을 살려 치즈 플레이트에서 많이 활용하더라고요.

경성치즈

에멘탈Emmental | 스위스 | 소젖 | 수입

<톰과 제리> 만화영화 속 노란색의 구멍이 숭숭 뚫린 그 치즈예요. 연한 산미와 끝에 맴도는 단맛, 호두향이 매력적으로 스낵으로 먹기에도 좋지만 열에 부드럽게 잘 녹아 피자, 그라탕, 파스타 등 다양한 요리에 활용해요.

꽁떼Comté | 프랑스 | 소젖 | 수입

프랑스를 대표하는 국민치즈로 큰 사랑을 받아 엄청난 자국 소비량을 자랑합니다. 마치 밤을 먹는 것과 같은 질감과 살짝살짝 느껴지는 단맛이 매력적입니다. 그냥 먹어도, 요리에 사용해도 좋아요.

그뤼에르Gruyère | 스위스 | 소젖 | 수입

산지가 많은 스위스는 크고 단단한 마운틴 치즈, 즉 산악형 치즈를 많이 만들어왔어요. 그중 대표적인 치즈가 그뤼에르입니다. 에멘탈과 섞어 치즈 퐁듀를 만들어보세요. 여럿이 둘러앉아 호호 불어가며 먹는 치즈 퐁듀는 겨울 제철음식이 되어줄 거예요.

파르미지아노 레지아노Parmigiano Reggiano | 이탈리아 | 소젖 | 수입

미국식 파마산이라는 이름으로 더 잘 알려진 이 치즈의 원래 이름은 파르미지아노 레지아노입니다. 마치 대리석처럼 단단하고 수분량이 적어서 오랫동안 보관하며 즐기기에 좋은 다용도 치즈예요. 치즈에서 느껴지는 파인애플 향이 매력적이랍니다.

그라나 파다노Grana Padano | 이탈리아 | 소젖 | 수입

이탈리안 레스토랑을 점령한 치즈예요. 이탈리아 요리에 파르미지아노 레지아노와 함께 다용도로 사용돼요. 샐러드나 파스타에 곱게 갈아 뿌리기도 하고, 소스나 수프에 갈아서 넣으면 요리의 맛이 한층 깊어집니다.

페코리노 로마노Pecorino Romano | 이탈리아 | 양젖 | 수입

페코리노 로마노는 오랜 역사를 자랑하는 유서 깊은 양젖 치즈예요. 양젖의 풍부한 지방을 충분히 느낄 수 있고, 요리에 사용하면 다른 조미료가 필요 없답니다.

블루/푸른곰팡이치즈

고르곤졸라Gorgonzola | 이탈리아 | 소젖 | 수입

강한 맛의 끝판왕으로 블루치즈의 강렬한 맛을 제대로 맛볼 수 있는 이탈리아의 대표 블루치즈예요. 고르곤졸라 피자와 꿀의 조합은 이미 많은 분이 경험해온 치즈의 대표 페어링이기도 합니다.

블루 스틸턴Blue Stilton | 영국 | 소젖 | 수입

체다와 함께 영국을 대표하는 블루 스틸턴은 마치 순박한 시골 청년 같은 인상이에요. 고르곤졸라가 노골적으로 강한 맛을 보여준다면, 블루 스틸턴은 은은한 강렬함으로 기억돼요.

로크포르Roquefort | 프랑스 | 양젖 | 수입 안 됨

로크포르는 이탈리아의 고르곤졸라, 영국의 블루 스틸턴과 함께 세계 3대 블루치즈로 불려요. 강한 짠맛과 풍부한 지방, 톡 쏘는 블루 특유의 강렬함이 매력적이죠. 요리에 적은 양을 사용하더라도 감칠맛이 풍부해서 천연 조미료로 사용하기 좋아요.

염소젖치즈

샤브루Chavroux | 프랑스 | 염소젖 | 수입

순백색의 산미가 좋은 고소한 맛의 스프레드 타입이에요. 염소젖 특유의 향과 매력을 느끼기에 좋은 입문자용 치즈라고 할 수 있죠. 셀러리와 함께 즐겨보세요. 수많은 수강생분이 검증해주신, 후회하지 않을 페어링입니다.

부쉐뜨 드 쉐브르Bûchette de Chèvre | 프랑스 | 염소젖 | 수입

긴 원통형의 막대형 스타일로 쫀득한 텍스처에 부드러워요. 딜, 타임, 로즈마리와 같은 허브와 잘 어울리고 산미가 좋은 화이트와인을 매칭해도 좋습니다.

쌩뜨 모르 드 뚜렌느Sainte-Maure de Touraine | 프랑스 | 염소젖 | 수입 안 됨

겉면에 짙은 회색의 재가 도포되어 있는 김밥 모양 치즈랍니다. 치즈 중앙을 관통하는 얇은 막대는 치즈 모양 유지에 도움이 됩니다. 2024년 현재 한국에는 수입 비허가 품목이라 해외 여행 시 경험해보면 좋아요.

발랑세Valençay | 프랑스 | 염소젖 | 수입 안 됨

꼭짓점이 없는 피라미드형으로 치즈 겉면에 짙은 회색의 재가 도포되어 있어요. 이집트 원정에서 실패한 나폴레옹이 화를 내며 꼭짓점 부분을 없앴다는 이야기로 유명합니다. 입안에서 부드럽게 부서지는 섬세한 질감이에요.

바농Banon | 프랑스 | 염소젖 | 수입 안 됨

부드럽고 연약한 치즈를 밤나무 잎으로 감싼 후 라피아 끈으로 묶어서 모양을 완성해요. 잎을 그대로 사용하거나 식초, 증류주에 담갔다가 사용해서 치즈에 특유의 향을 입히게 되죠. 살균하지 않은 생유로 만든 짧은 숙성 기간의 치즈라 2024년 현재 한국에는 수입이 안 됩니다.

기타 치즈

브레스 블루Bresse Bleu | 프랑스 | 소젖 | 수입

미식가들 사이에서 소문난 브레스 지역의 닭과 함께 해당 지역에서 유명해요. 치즈의 겉면은 흰 곰팡이, 내부는 푸른곰팡이가 드문드문 피어나 있는 두 종류 곰팡이의 만남이 조화로운 치즈입니다. 버섯, 육류와 함께 즐기기에 좋아요.

브라운Brown | 노르웨이 | 소젖, 염소젖 | 수입

치즈계의 누텔라라고 할 정도로 마치 솔티드 캐러멜을 먹는 것과 유사한 맛의 치즈예요. 호밀 크래커와 함께 가벼운 간식으로 즐기기에 좋고, 국내에서는 크로플, 아이스크림과 함께 토핑해서 디저트로 많이 알려졌습니다.

치즈명 CHEESE NAME	
제조국가 COUNTRY	
원산지 ORIGIN	
원유 종류 TYPE OF MILK	
치즈 분류 TYPE OF CHEESE	
숙성 기간 RIPENING PERIOD	
브랜드 BRAND	
중량 WEIGHT	
외관 APPEARANCE	
질감 TEXTURE	0 (무른) ---------- 10 (단단함)
풍미 FLAVOR	
강도 INTENSITY	0 (약) ---------- 10 (강)
평가 RATING	
노트 NOTES	

Memo & Photo

치즈명
CHEESE NAME

제조국가
COUNTRY

원산지
ORIGIN

원유 종류
TYPE OF MILK

치즈 분류
TYPE OF CHEESE

숙성 기간
RIPENING PERIOD

브랜드
BRAND

중량
WEIGHT

외관
APPEARANCE

0 (무른) -- 10 (단단함)

질감
TEXTURE

풍미
FLAVOR

0 (약) -- 10 (강)

강도
INTENSITY

평가
RATING

노트
NOTES

Memo & Photo

치즈명 CHEESE NAME	
제조국가 COUNTRY	
원산지 ORIGIN	
원유 종류 TYPE OF MILK	
치즈 분류 TYPE OF CHEESE	
숙성 기간 RIPENING PERIOD	
브랜드 BRAND	
중량 WEIGHT	
외관 APPEARANCE	
질감 TEXTURE	0 (무른) ---------- 10 (단단함)
풍미 FLAVOR	
강도 INTENSITY	0 (약) ---------- 10 (강)
평가 RATING	
노트 NOTES	

Memo & Photo

치즈명
CHEESE NAME

제조국가
COUNTRY

원산지
ORIGIN

원유 종류
TYPE OF MILK

치즈 분류
TYPE OF CHEESE

숙성 기간
RIPENING PERIOD

브랜드
BRAND

중량
WEIGHT

외관
APPEARANCE

0 (무른) ---------- 10 (단단함)

질감
TEXTURE

풍미
FLAVOR

0 (약) ---------- 10 (강)

강도
INTENSITY

평가
RATING

노트
NOTES

Memo & Photo

치즈명
CHEESE NAME

제조국가
COUNTRY

원산지
ORIGIN

원유 종류
TYPE OF MILK

치즈 분류
TYPE OF CHEESE

숙성 기간
RIPENING PERIOD

브랜드
BRAND

중량
WEIGHT

외관
APPEARANCE

0 (무른) -- 10 (단단함)

질감
TEXTURE

풍미
FLAVOR

0 (약) -- 10 (강)

강도
INTENSITY

평가
RATING

노트
NOTES

Memo & Photo

치즈명
CHEESE NAME

제조국가
COUNTRY

원산지
ORIGIN

원유 종류
TYPE OF MILK

치즈 분류
TYPE OF CHEESE

숙성 기간
RIPENING PERIOD

브랜드
BRAND

중량
WEIGHT

외관
APPEARANCE

0 (무른) -- 10 (단단함)

질감
TEXTURE

풍미
FLAVOR

0 (약) -- 10 (강)

강도
INTENSITY

평가
RATING

노트
NOTES

Memo & Photo

치즈명 CHEESE NAME	
제조국가 COUNTRY	
원산지 ORIGIN	
원유 종류 TYPE OF MILK	
치즈 분류 TYPE OF CHEESE	
숙성 기간 RIPENING PERIOD	
브랜드 BRAND	
중량 WEIGHT	
외관 APPEARANCE	
질감 TEXTURE	0 (무른) ---------- 10 (단단함)
풍미 FLAVOR	
강도 INTENSITY	0 (약) ---------- 10 (강)
평가 RATING	
노트 NOTES	

Memo & Photo

치즈명
CHEESE NAME

제조국가
COUNTRY

원산지
ORIGIN

원유 종류
TYPE OF MILK

치즈 분류
TYPE OF CHEESE

숙성 기간
RIPENING PERIOD

브랜드
BRAND

중량
WEIGHT

외관
APPEARANCE

0 (무른) ---------- 10 (단단함)

질감
TEXTURE

풍미
FLAVOR

0 (약) ---------- 10 (강)

강도
INTENSITY

평가
RATING

노트
NOTES

Memo & Photo

치즈명
CHEESE NAME

제조국가
COUNTRY

원산지
ORIGIN

원유 종류
TYPE OF MILK

치즈 분류
TYPE OF CHEESE

숙성 기간
RIPENING PERIOD

브랜드
BRAND

중량
WEIGHT

외관
APPEARANCE

0 (무른) -- 10 (단단함)

질감
TEXTURE

풍미
FLAVOR

0 (약) -- 10 (강)

강도
INTENSITY

평가
RATING

노트
NOTES

Memo & Photo

치즈명
CHEESE NAME

제조국가
COUNTRY

원산지
ORIGIN

원유 종류
TYPE OF MILK

치즈 분류
TYPE OF CHEESE

숙성 기간
RIPENING PERIOD

브랜드
BRAND

중량
WEIGHT

외관
APPEARANCE

0 (무른) ---------- 10 (단단함)

질감
TEXTURE

풍미
FLAVOR

0 (약) ---------- 10 (강)

강도
INTENSITY

평가
RATING

노트
NOTES

Memo & Photo

치즈명
CHEESE NAME

제조국가
COUNTRY

원산지
ORIGIN

원유 종류
TYPE OF MILK

치즈 분류
TYPE OF CHEESE

숙성 기간
RIPENING PERIOD

브랜드
BRAND

중량
WEIGHT

외관
APPEARANCE

0 (무른) ---------- 10 (단단함)

질감
TEXTURE

풍미
FLAVOR

0 (약) ---------- 10 (강)

강도
INTENSITY

평가
RATING

노트
NOTES

Memo & Photo

치즈명
CHEESE NAME

제조국가
COUNTRY

원산지
ORIGIN

원유 종류
TYPE OF MILK

치즈 분류
TYPE OF CHEESE

숙성 기간
RIPENING PERIOD

브랜드
BRAND

중량
WEIGHT

외관
APPEARANCE

0 (무른) ---------- 10 (단단함)

질감
TEXTURE

풍미
FLAVOR

0 (약) ---------- 10 (강)

강도
INTENSITY

평가
RATING

노트
NOTES

Memo & Photo

치즈명
CHEESE NAME

제조국가
COUNTRY

원산지
ORIGIN

원유 종류
TYPE OF MILK

치즈 분류
TYPE OF CHEESE

숙성 기간
RIPENING PERIOD

브랜드
BRAND

중량
WEIGHT

외관
APPEARANCE

질감
TEXTURE

0 (무른) ---------- 10 (단단함)

풍미
FLAVOR

강도
INTENSITY

0 (약) ---------- 10 (강)

평가
RATING

노트
NOTES

Memo & Photo

치즈명 CHEESE NAME	
제조국가 COUNTRY	
원산지 ORIGIN	
원유 종류 TYPE OF MILK	
치즈 분류 TYPE OF CHEESE	
숙성 기간 RIPENING PERIOD	
브랜드 BRAND	
중량 WEIGHT	
외관 APPEARANCE	
질감 TEXTURE	0 (무른) ---------- 10 (단단함)
풍미 FLAVOR	
강도 INTENSITY	0 (약) ---------- 10 (강)
평가 RATING	
노트 NOTES	

Memo & Photo

치즈명
CHEESE NAME

제조국가
COUNTRY

원산지
ORIGIN

원유 종류
TYPE OF MILK

치즈 분류
TYPE OF CHEESE

숙성 기간
RIPENING PERIOD

브랜드
BRAND

중량
WEIGHT

외관
APPEARANCE

0 (무른) -------------------- 10 (단단함)

질감
TEXTURE

풍미
FLAVOR

0 (약) -------------------- 10 (강)

강도
INTENSITY

평가
RATING

노트
NOTES

Memo & Photo

치즈명 CHEESE NAME	
제조국가 COUNTRY	
원산지 ORIGIN	
원유 종류 TYPE OF MILK	
치즈 분류 TYPE OF CHEESE	
숙성 기간 RIPENING PERIOD	
브랜드 BRAND	
중량 WEIGHT	
외관 APPEARANCE	
질감 TEXTURE	0 (무른) -------------------- 10 (단단함)
풍미 FLAVOR	
강도 INTENSITY	0 (약) -------------------- 10 (강)
평가 RATING	
노트 NOTES	

Memo & Photo

치즈명 CHEESE NAME	
제조국가 COUNTRY	
원산지 ORIGIN	
원유 종류 TYPE OF MILK	
치즈 분류 TYPE OF CHEESE	
숙성 기간 RIPENING PERIOD	
브랜드 BRAND	
중량 WEIGHT	
외관 APPEARANCE	
질감 TEXTURE	0 (무른) ---------- 10 (단단함)
풍미 FLAVOR	
강도 INTENSITY	0 (약) ---------- 10 (강)
평가 RATING	
노트 NOTES	

Memo & Photo

치즈명
CHEESE NAME

제조국가
COUNTRY

원산지
ORIGIN

원유 종류
TYPE OF MILK

치즈 분류
TYPE OF CHEESE

숙성 기간
RIPENING PERIOD

브랜드
BRAND

중량
WEIGHT

외관
APPEARANCE

0 (무른) ---------- 10 (단단함)

질감
TEXTURE

풍미
FLAVOR

0 (약) ---------- 10 (강)

강도
INTENSITY

평가
RATING

노트
NOTES

Memo & Photo

치즈명
CHEESE NAME

제조국가
COUNTRY

원산지
ORIGIN

원유 종류
TYPE OF MILK

치즈 분류
TYPE OF CHEESE

숙성 기간
RIPENING PERIOD

브랜드
BRAND

중량
WEIGHT

외관
APPEARANCE

0 (무른) -- 10 (단단함)

질감
TEXTURE

풍미
FLAVOR

0 (약) -- 10 (강)

강도
INTENSITY

평가
RATING

노트
NOTES

Memo & Photo

치즈명 CHEESE NAME	
제조국가 COUNTRY	
원산지 ORIGIN	
원유 종류 TYPE OF MILK	
치즈 분류 TYPE OF CHEESE	
숙성 기간 RIPENING PERIOD	
브랜드 BRAND	
중량 WEIGHT	
외관 APPEARANCE	
질감 TEXTURE	0 (무른) ---------- 10 (단단함)
풍미 FLAVOR	
강도 INTENSITY	0 (약) ---------- 10 (강)
평가 RATING	
노트 NOTES	

Memo & Photo

치즈명
CHEESE NAME

제조국가
COUNTRY

원산지
ORIGIN

원유 종류
TYPE OF MILK

치즈 분류
TYPE OF CHEESE

숙성 기간
RIPENING PERIOD

브랜드
BRAND

중량
WEIGHT

외관
APPEARANCE

0 (무른) -- 10 (단단함)

질감
TEXTURE

풍미
FLAVOR

0 (약) -- 10 (강)

강도
INTENSITY

평가
RATING

노트
NOTES

Memo & Photo

치즈명
CHEESE NAME

제조국가
COUNTRY

원산지
ORIGIN

원유 종류
TYPE OF MILK

치즈 분류
TYPE OF CHEESE

숙성 기간
RIPENING PERIOD

브랜드
BRAND

중량
WEIGHT

외관
APPEARANCE

0 (무른) ---------- 10 (단단함)

질감
TEXTURE

풍미
FLAVOR

0 (약) ---------- 10 (강)

강도
INTENSITY

평가
RATING

노트
NOTES

Memo & Photo

치즈명
CHEESE NAME

제조국가
COUNTRY

원산지
ORIGIN

원유 종류
TYPE OF MILK

치즈 분류
TYPE OF CHEESE

숙성 기간
RIPENING PERIOD

브랜드
BRAND

중량
WEIGHT

외관
APPEARANCE

0 (무른) ---------- 10 (단단함)

질감
TEXTURE

풍미
FLAVOR

0 (약) ---------- 10 (강)

강도
INTENSITY

평가
RATING

노트
NOTES

Memo & Photo

치즈명
CHEESE NAME

제조국가
COUNTRY

원산지
ORIGIN

원유 종류
TYPE OF MILK

치즈 분류
TYPE OF CHEESE

숙성 기간
RIPENING PERIOD

브랜드
BRAND

중량
WEIGHT

외관
APPEARANCE

0 (무른) ---------- 10 (단단함)

질감
TEXTURE

풍미
FLAVOR

0 (약) ---------- 10 (강)

강도
INTENSITY

평가
RATING

노트
NOTES

Memo & Photo

치즈명
CHEESE NAME

제조국가
COUNTRY

원산지
ORIGIN

원유 종류
TYPE OF MILK

치즈 분류
TYPE OF CHEESE

숙성 기간
RIPENING PERIOD

브랜드
BRAND

중량
WEIGHT

외관
APPEARANCE

0 (무른) -- 10 (단단함)

질감
TEXTURE

풍미
FLAVOR

0 (약) -- 10 (강)

강도
INTENSITY

평가
RATING

노트
NOTES

Memo & Photo

치즈명
CHEESE NAME

제조국가
COUNTRY

원산지
ORIGIN

원유 종류
TYPE OF MILK

치즈 분류
TYPE OF CHEESE

숙성 기간
RIPENING PERIOD

브랜드
BRAND

중량
WEIGHT

외관
APPEARANCE

0 (무른) ---------- 10 (단단함)

질감
TEXTURE

풍미
FLAVOR

0 (약) ---------- 10 (강)

강도
INTENSITY

평가
RATING

노트
NOTES

Memo & Photo

치즈명 CHEESE NAME	
제조국가 COUNTRY	
원산지 ORIGIN	
원유 종류 TYPE OF MILK	
치즈 분류 TYPE OF CHEESE	
숙성 기간 RIPENING PERIOD	
브랜드 BRAND	
중량 WEIGHT	
외관 APPEARANCE	
질감 TEXTURE	0 (무른) -- 10 (단단함)
풍미 FLAVOR	
강도 INTENSITY	0 (약) -- 10 (강)
평가 RATING	
노트 NOTES	

Memo & Photo

치즈명 CHEESE NAME	
제조국가 COUNTRY	
원산지 ORIGIN	
원유 종류 TYPE OF MILK	
치즈 분류 TYPE OF CHEESE	
숙성 기간 RIPENING PERIOD	
브랜드 BRAND	
중량 WEIGHT	
외관 APPEARANCE	
질감 TEXTURE	0 (무른) ---------- 10 (단단함)
풍미 FLAVOR	
강도 INTENSITY	0 (약) ---------- 10 (강)
평가 RATING	
노트 NOTES	

Memo & Photo

치즈명
CHEESE NAME

제조국가
COUNTRY

원산지
ORIGIN

원유 종류
TYPE OF MILK

치즈 분류
TYPE OF CHEESE

숙성 기간
RIPENING PERIOD

브랜드
BRAND

중량
WEIGHT

외관
APPEARANCE

0 (무른) ---------- 10 (단단함)

질감
TEXTURE

풍미
FLAVOR

0 (약) ---------- 10 (강)

강도
INTENSITY

평가
RATING

노트
NOTES

Memo & Photo

치즈명
CHEESE NAME

제조국가
COUNTRY

원산지
ORIGIN

원유 종류
TYPE OF MILK

치즈 분류
TYPE OF CHEESE

숙성 기간
RIPENING PERIOD

브랜드
BRAND

중량
WEIGHT

외관
APPEARANCE

0 (무른) ---------- 10 (단단함)

질감
TEXTURE

풍미
FLAVOR

0 (약) ---------- 10 (강)

강도
INTENSITY

평가
RATING

노트
NOTES

Memo & Photo

치즈명
CHEESE NAME

제조국가
COUNTRY

원산지
ORIGIN

원유 종류
TYPE OF MILK

치즈 분류
TYPE OF CHEESE

숙성 기간
RIPENING PERIOD

브랜드
BRAND

중량
WEIGHT

외관
APPEARANCE

0 (무른) -- 10 (단단함)

질감
TEXTURE

풍미
FLAVOR

0 (약) -- 10 (강)

강도
INTENSITY

평가
RATING

노트
NOTES

Memo & Photo

치즈명
CHEESE NAME

제조국가
COUNTRY

원산지
ORIGIN

원유 종류
TYPE OF MILK

치즈 분류
TYPE OF CHEESE

숙성 기간
RIPENING PERIOD

브랜드
BRAND

중량
WEIGHT

외관
APPEARANCE

0 (무른) ---------- 10 (단단함)

질감
TEXTURE

풍미
FLAVOR

0 (약) ---------- 10 (강)

강도
INTENSITY

평가
RATING

노트
NOTES

Memo & Photo

치즈명
CHEESE NAME

제조국가
COUNTRY

원산지
ORIGIN

원유 종류
TYPE OF MILK

치즈 분류
TYPE OF CHEESE

숙성 기간
RIPENING PERIOD

브랜드
BRAND

중량
WEIGHT

외관
APPEARANCE

0 (무른) -- 10 (단단함)

질감
TEXTURE

풍미
FLAVOR

0 (약) -- 10 (강)

강도
INTENSITY

평가
RATING

노트
NOTES

Memo & Photo

치즈명
CHEESE NAME

제조국가
COUNTRY

원산지
ORIGIN

원유 종류
TYPE OF MILK

치즈 분류
TYPE OF CHEESE

숙성 기간
RIPENING PERIOD

브랜드
BRAND

중량
WEIGHT

외관
APPEARANCE

0 (무른) ---------- 10 (단단함)

질감
TEXTURE

풍미
FLAVOR

0 (약) ---------- 10 (강)

강도
INTENSITY

평가
RATING

노트
NOTES

Memo & Photo

치즈명 CHEESE NAME	
제조국가 COUNTRY	
원산지 ORIGIN	
원유 종류 TYPE OF MILK	
치즈 분류 TYPE OF CHEESE	
숙성 기간 RIPENING PERIOD	
브랜드 BRAND	
중량 WEIGHT	
외관 APPEARANCE	
질감 TEXTURE	0 (무른) ---------- 10 (단단함)
풍미 FLAVOR	
강도 INTENSITY	0 (약) ---------- 10 (강)
평가 RATING	
노트 NOTES	

Memo & Photo

치즈명
CHEESE NAME

제조국가
COUNTRY

원산지
ORIGIN

원유 종류
TYPE OF MILK

치즈 분류
TYPE OF CHEESE

숙성 기간
RIPENING PERIOD

브랜드
BRAND

중량
WEIGHT

외관
APPEARANCE

0 (무른) -------------------- 10 (단단함)

질감
TEXTURE

풍미
FLAVOR

0 (약) -------------------- 10 (강)

강도
INTENSITY

평가
RATING

노트
NOTES

Memo & Photo

치즈명
CHEESE NAME

제조국가
COUNTRY

원산지
ORIGIN

원유 종류
TYPE OF MILK

치즈 분류
TYPE OF CHEESE

숙성 기간
RIPENING PERIOD

브랜드
BRAND

중량
WEIGHT

외관
APPEARANCE

0 (무른) ---------- 10 (단단함)

질감
TEXTURE

풍미
FLAVOR

0 (약) ---------- 10 (강)

강도
INTENSITY

평가
RATING

노트
NOTES

Memo & Photo

치즈명
CHEESE NAME

제조국가
COUNTRY

원산지
ORIGIN

원유 종류
TYPE OF MILK

치즈 분류
TYPE OF CHEESE

숙성 기간
RIPENING PERIOD

브랜드
BRAND

중량
WEIGHT

외관
APPEARANCE

0 (무른) ---------- 10 (단단함)

질감
TEXTURE

풍미
FLAVOR

0 (약) ---------- 10 (강)

강도
INTENSITY

평가
RATING

노트
NOTES

Memo & Photo

치즈명 CHEESE NAME	
제조국가 COUNTRY	
원산지 ORIGIN	
원유 종류 TYPE OF MILK	
치즈 분류 TYPE OF CHEESE	
숙성 기간 RIPENING PERIOD	
브랜드 BRAND	
중량 WEIGHT	
외관 APPEARANCE	
질감 TEXTURE	0 (무른) ---------- 10 (단단함)
풍미 FLAVOR	
강도 INTENSITY	0 (약) ---------- 10 (강)
평가 RATING	
노트 NOTES	

Memo & Photo

치즈명
CHEESE NAME

제조국가
COUNTRY

원산지
ORIGIN

원유 종류
TYPE OF MILK

치즈 분류
TYPE OF CHEESE

숙성 기간
RIPENING PERIOD

브랜드
BRAND

중량
WEIGHT

외관
APPEARANCE

0 (무른) -- 10 (단단함)

질감
TEXTURE

풍미
FLAVOR

0 (약) -- 10 (강)

강도
INTENSITY

평가
RATING

노트
NOTES

Memo & Photo

치즈명 CHEESE NAME	
제조국가 COUNTRY	
원산지 ORIGIN	
원유 종류 TYPE OF MILK	
치즈 분류 TYPE OF CHEESE	
숙성 기간 RIPENING PERIOD	
브랜드 BRAND	
중량 WEIGHT	
외관 APPEARANCE	
질감 TEXTURE	0 (무른) ---------- 10 (단단함)
풍미 FLAVOR	
강도 INTENSITY	0 (약) ---------- 10 (강)
평가 RATING	
노트 NOTES	

Memo & Photo

치즈명
CHEESE NAME

제조국가
COUNTRY

원산지
ORIGIN

원유 종류
TYPE OF MILK

치즈 분류
TYPE OF CHEESE

숙성 기간
RIPENING PERIOD

브랜드
BRAND

중량
WEIGHT

외관
APPEARANCE

0 (무른) -- 10 (단단함)

질감
TEXTURE

풍미
FLAVOR

0 (약) -- 10 (강)

강도
INTENSITY

평가
RATING

노트
NOTES

Memo & Photo

치즈명 CHEESE NAME	
제조국가 COUNTRY	
원산지 ORIGIN	
원유 종류 TYPE OF MILK	
치즈 분류 TYPE OF CHEESE	
숙성 기간 RIPENING PERIOD	
브랜드 BRAND	
중량 WEIGHT	
외관 APPEARANCE	
질감 TEXTURE	0 (무른) ---------- 10 (단단함)
풍미 FLAVOR	
강도 INTENSITY	0 (약) ---------- 10 (강)
평가 RATING	
노트 NOTES	

Memo & Photo

치즈명
CHEESE NAME

제조국가
COUNTRY

원산지
ORIGIN

원유 종류
TYPE OF MILK

치즈 분류
TYPE OF CHEESE

숙성 기간
RIPENING PERIOD

브랜드
BRAND

중량
WEIGHT

외관
APPEARANCE

0 (무른) ---------- 10 (단단함)

질감
TEXTURE

풍미
FLAVOR

0 (약) ---------- 10 (강)

강도
INTENSITY

평가
RATING

노트
NOTES

Memo & Photo

치즈명
CHEESE NAME

제조국가
COUNTRY

원산지
ORIGIN

원유 종류
TYPE OF MILK

치즈 분류
TYPE OF CHEESE

숙성 기간
RIPENING PERIOD

브랜드
BRAND

중량
WEIGHT

외관
APPEARANCE

0 (무른) ---------- 10 (단단함)

질감
TEXTURE

풍미
FLAVOR

0 (약) ---------- 10 (강)

강도
INTENSITY

평가
RATING

노트
NOTES

Memo & Photo

치즈명
CHEESE NAME

제조국가
COUNTRY

원산지
ORIGIN

원유 종류
TYPE OF MILK

치즈 분류
TYPE OF CHEESE

숙성 기간
RIPENING PERIOD

브랜드
BRAND

중량
WEIGHT

외관
APPEARANCE

0 (무른) ---------- 10 (단단함)

질감
TEXTURE

풍미
FLAVOR

0 (약) ---------- 10 (강)

강도
INTENSITY

평가
RATING

노트
NOTES

Memo & Photo

치즈명
CHEESE NAME

제조국가
COUNTRY

원산지
ORIGIN

원유 종류
TYPE OF MILK

치즈 분류
TYPE OF CHEESE

숙성 기간
RIPENING PERIOD

브랜드
BRAND

중량
WEIGHT

외관
APPEARANCE

질감
TEXTURE

0 (무른) ---------- 10 (단단함)

풍미
FLAVOR

강도
INTENSITY

0 (약) ---------- 10 (강)

평가
RATING

노트
NOTES

Memo & Photo

치즈명 CHEESE NAME	
제조국가 COUNTRY	
원산지 ORIGIN	
원유 종류 TYPE OF MILK	
치즈 분류 TYPE OF CHEESE	
숙성 기간 RIPENING PERIOD	
브랜드 BRAND	
중량 WEIGHT	
외관 APPEARANCE	
질감 TEXTURE	0 (무른) ---------- 10 (단단함)
풍미 FLAVOR	
강도 INTENSITY	0 (약) ---------- 10 (강)
평가 RATING	
노트 NOTES	

Memo & Photo

Cheese Tasting Note

초판 발행일 2025년 1월 27일

지은이 김은주
펴낸이 허주영
펴낸곳 미니멈
디자인 황윤정
사진 박현아
일러스트 리카

주소 서울시 종로구 창의문로3길 29(부암동)
전화 02-6085-3730
팩스 02-3142-8407
이메일 natopia21@naver.com
등록번호 제 204-91-55459

ISBN 979-11-87694-31-1 13590

가격은 뒤표지에 있습니다.
잘못된 노트는 바꾸어 드립니다.